Bibliografische Information der Deutschen Nationalbibliothek:

Die Deutsche Bibliothek verzeichnet diese Publikation in der Deutschen Nationalbibliografie; detaillierte bibliografische Daten sind im Internet über http://dnb.d-nb.de/ abrufbar.

Impressum:

Druck und Bindung: Books on Demand GmbH, Norderstedt Germany
ISBN: 9783668666160

Dieses Buch bei GRIN:

https://www.grin.com/document/417250

Erik Beyer

Qualitative vs. quantitative Forschungsmethoden. Vor- und Nachteile, Einsatzgebiete und typische Erhebungsmethoden

GRIN Verlag

Modul SQF60 - Schlüsselqualifikation für Studium und Beruf

Assignment

Thema: Qualitative vs. quantitative Forschungsmethoden

27. Februar 2018

Inhaltsverzeichnis

Tabellenverzeichnis

1. Einleitung

Die beiden Konzepte der quantitativen und qualitativen Forschung stehen nach Wolf und Priebe nicht für „klar abgegrenzte wissenschaftstheoretische Programme“; viel mehr geben sie als eine Art Sammelbezeichnung breitgefächerte methodische Richtungsangaben vor. (vgl. Wolf / Priebe 2001: 44)
Ziel dieser Arbeit soll es sein, dem Leser einen kompakten Überblick über die Richtungsvorgaben, wie sie bei Wolf und Priebe genannt werden, bzw. die Merkmale der qualitativen und quantitativen Forschung zu geben, sowie deren Unterschiede, Stärken und Schwächen aufzuzeigen. Hierzu soll zunächst eine grobe Gegenüberstellung der beiden Ansätze in das Thema einleiten, daraufhin soll auf die besonderen Kennzeichen der beiden Ansätze, sowie auf deren Kritik, Vor- und Nachteile und ihre jeweiligen Einsatzgebiete und die typischen Erhebungsmethoden eingegangen werden.
Abschließend soll im zweiten Teil der Arbeit aufbauend auf den theoretischen Unterschieden aus den vorherigen Kapiteln anhand des Beispiels der Befragung aufgezeigt werden, inwiefern sich die Anwendung der Befragung als Erhebungsmethode im qualitativen und quantitativen Ansatz unterscheidet.

2. Unterschiede zwischen quantitativer und qualitativer Forschung

Im Folgenden werden die Merkmale quantitativer und qualitativer Forschung, sowie die damit verbundenen Vor- und Nachteile behandelt. Darüber hinaus soll auf gängige Erhebungsmethoden und die jeweiligen Einsatzgebiete eingegangen werden.

2.1. Gegenüberstellung qualitativer und quantitativer Forschung

Ein erstes Unterscheidungsmerkmal zwischen qualitativer und quantitativer Forschung, so Bortz und Döring, ist die Art des verwendeten Datenmaterials. (vgl. Bortz / Döring 2006: 296) Als Daten im sozialwissenschaftlichen Forschungskontext werden hierbei alle Informationen verstanden, welche mit Hilfe sozialwissenschaftlicher Methoden gewonnen worden sind.

Dabei kann in zwei Arten von Daten unterschieden werden: Man kann einerseits einen bestimmten Sachverhalt, zum Beispiel die Zufriedenheit eines Arbeitnehmers mit seiner derzeitigen Arbeitssituation, mit Hilfe von Zahlen (quantitativ) beschreiben. So könnte dann beispielsweise bedeuten, dass ein Arbeitnehmer, welcher den Wert 1 wählt, sehr unzufrieden und ein Arbeitnehmer, der sich für den Wert 8 entscheidet, sehr zufrieden mit seiner gegenwärtigen Arbeitssituation ist. Es ist aber auch möglich, eine (qualitative) ausführlichere verbale Auskunft bei einem Arbeitnehmer über dessen Zufriedenheit mit seiner gegenwärtigen Arbeitssituation einzuholen; beispielsweise indem im Rahmen eines Personalgesprächs der Arbeitnehmer gebeten wird, zu erzählen, wie er sich im Unternehmen fühlt und wie es um seine Zufriedenheit bestellt ist. Auch in diesem Fall wird von Daten gesprochen. (vgl. Häder 2010: 23)

Wie anhand dieses Beispiels verdeutlicht werden sollte, wird in der qualitativen Forschung die Erfahrungsrealität zuerst verbalisiert und anschließend interpretativ ausgewertet, während sie beim quantitativen Ansatz numerisch beschrieben wird.

Hussy et al. konstatierten dazu, dass die Sozialwissenschaften unter qualitativer Forschung, in deren Rahmen qualitative Methoden angewandt werden, jene Forschung versteht, in welcher eine sinnverstehende und interpretative wissenschaftliche Verfahrensweise zur Erhebung und zur Aufbereitung der Daten verwendet wird. Die quantitative Forschung dagegen, welche sich der quantitativen Methoden bedient, repräsentiert eine Vorgehensweise zur numerischen Darstellung von empirischen Sachverhalten. Hussy et al. beschreiben, dass sich auf einer sehr allgemeinen Ebene zwei Strömungen gegenüberstehen, welche unterschiedliche Wege zur Datenerhebung und Auswertung präferieren. Zum einen die objektiv messende und zum anderen die sinnverstehende Strömung. (vgl. Hussy / Schreier / Echterhoff 2013: 20)

Neben den verwendeten Forschungsmethoden, welche in einem späteren Teil dieser Arbeit noch behandelt werden, unterscheiden sich quantitative und qualitative Forschung nach Bortz und Döring auch hinsichtlich des Forschungsgegenstandes und des Wissenschaftsverständnisses, worauf allerdings in der vorliegenden Arbeit aufgrund des Umfanges nur am Rande eingegangen werden soll.

Außerdem wurden die beiden Ansätze in der Vergangenheit nicht selten als miteinander unvereinbare Gegensätze beschrieben. Extrempositionen, welche einen Alleinstellungsanspruch für den einen oder anderen Ansatz reklamieren, während sie den anderen strikt ablehnen, wurden in den letzten Jahren allerdings immer seltener vertreten. (vgl. Bortz / Döring 2006: 296). Zur weiteren Abgrenzung und zum allgemeinen Verständnis sollen nachfolgend die Kennzeichen beider Forschungsansätze sowie deren Vor- und Nachteile beschrieben und verglichen werden.

2.1.1. Kennzeichen quantitativer Forschung

Wie bereits die Bezeichnung „quantitative Forschung" vermuten lässt, geht es bei diesem Forschungsansatz hauptsächlich um das Zählen und die Arbeit mit Zahlen. „Quantifizierung bedeutet, qualitative Merkmale in Zahlen und damit in messbare Größen umzuwandeln". (Schirmer 2009: 67)

Ziel der quantitativen Forschung ist es, das Verhalten, die soziale Wirklichkeit in Form von Modellen, Zusammenhängen und numerischen Daten zu beschreiben und prognostizierbar zu machen. Im Vergleich zum qualitativen Ansatz, welcher vor allem mit Text und Sprache arbeitet, sind beim quantitativen Ansatz die Zahlen das Hauptmedium. Bei quantitativer Forschung werden Einstellungen, Handlungen, Orientierungsmuster und Strukturen auf standardisierte Weise, meist in größeren Zufallsstichproben erhoben, um sie anschließend in statistisch verarbeitbare Zahlen zu übersetzen. Die Ergebnisse der quantitativen Forschung lassen sich in Zahlenwerten, Prozentwerten, Tabellen usw. gegenüberstellen und vergleichen. (vgl. Schirmer 2009: 67)

Dabei überprüft die quantitative Forschung vorrangig Hypothesen über Zusammenhänge verschiedener Merkmale (Variablen) an der Realität. „Die forschungsleitenden – aus der Theorie gespeisten – Hypothesen müssen operationalisiert werden, d.h. in messbare Dimensionen gebracht werden um sie dann in Form von Zahlen einer mathematischen Analyse zuzuführen.", so Raithel. (Raithel 2008: 8)

Mit quantitativer Forschung können zum Teil sehr komplexe Informationen mit Zuhilfenahme geeigneter mathematisch-statistischer Verfahren auf wesentliche Merkmale reduziert werden. Der Informationsgewinn bei der Anwendung von quantitativen Methoden besteht somit auch in einer erheblichen Datenreduktion. (vgl. Raithel 2008: 7f.)

Da zu Beginn des Forschungsprozesses meist schon Theorien oder Modelle über den Forschungsgegenstand vorhanden sind, anhand dessen die zu überprüfenden Hypothesen gebildet werden, werden quantitative Verfahren zumeist im Zusammenhang mit dem deduktiven Erkenntnisgewinn genutzt. (vgl. Hussy / Schreier / Echterhoff 2013: 10)

Um den wissenschaftlichen Anforderungen zu genügen, muss quantitative Forschung zwingend die nachfolgend aufgezählten Gütekriterien erfüllen, welche seit vielen Jahrzehnten zum wissenschaftlichen Standard bei quantitativen Untersuchungen zählen. (vgl. Hussy / Schreier / Echterhoff 2013: 23)

Objektivität → Verschiedene Forscher müssen unter gleichen Bedingungen zu den gleichen Ergebnissen gelangen.

Reliabilität → Bezeichnet die Zuverlässigkeit und Beständigkeit einer Untersuchung. Reliabel ist ein Instrument, wenn es bei einem relativ gleichbleibenden Verhalten gleiche oder ähnliche Ergebnisse liefert.

Validität → Beurteilt eine quantitative Untersuchung danach, ob sie gemessen hat, was sie messen wollte.

2.1.2. Kennzeichen qualitativer Forschung

Ziel der qualitativen Forschung ist es, die soziale Wirklichkeit anhand der subjektiven Sicht der relevanten Personen abzubilden, um so ihr Verhalten und mögliche Ursachen dafür nachvollziehen und verstehen zu können. (vgl. Röbken / Wetzel 2016: 13) Qualitative Forschung erfasst Daten möglichst genau, differenziert und gegenstandnah. Im Gegensatz zur quantitativen Forschung, liegt weder Messen oder Erklären im Fokus, sondern das Verstehen. (vgl. Raithel 2008: 2) Dementsprechend wird im qualitativen Ansatz die Beobachtungsrealität in nichtnumerischem Material, welches zumeist aus Texten besteht, abgebildet. (vgl. Bortz / Döring 2006: 279)

Statt großer Stichproben, wie bei der quantitativen Forschung üblich, zeichnet sich die qualitative Forschung durch eine starke Subjektbezogenheit aus, bei der der Hauptuntersuchungsgegenstand immer der Mensch ist.

Um dabei möglichen Verzerrungen der Ergebnisse durch zu starre theoretische Vorannahmen oder standardisierte Untersuchungsinstrumente prophylaktisch entgegenzutreten, verzichtet der qualitative Ansatz nach Möglichkeit weitestgehend oder gänzlich auf eine Standardisierung bei der Datenerhebung und bevorzugt den direkten Zugang zu den betroffenen Personen, z.B. in Form eines persönlichen Interviews anstelle eines unpersönlichen Fragebogens. (vgl. Röbken / Wetzel 2016: 13)
Durch die starke Offenheit und Flexibilität, welche durch eine nicht oder nur teil-standardisierte Erhebung möglich wird, wird der qualitativen Forschung eine theorieentwickelnde und somit hypothesengenerierende Eigenschaft zugesprochen.
Statt Hypothesen zu prüfen, wie in der quantitativen Forschung, generiert die qualitative Forschung diese vielmehr und strebt nach der Entwicklung von Theorien durch induktives Vorgehen. (Wolf / Priebe 2001: 51)

In nachfolgender Tabelle 1 „Gegenüberstellung quantitativer und qualitativer Forschung“ sollen die wesentlichen genannten Merkmale und Unterschiede der quantitativen und qualitativen Forschung zusammenfassend dargestellt werden.

Quantitative Forschung	**Qualitative Forschung**
- „Messen“, Arbeit mit Zahlen - Erklären - strukturiert und standardisiert - Überprüfung von Hypothesen - Datenreduktion zum Informationsgewinn - Deduktives Vorgehen - Orientierung an einer vorher festgelegten Methode - Meist größere Stichproben	- Wird verbal, meist in Texten ausgedrückt - Verstehen - flexibel und offen - theorieentwickelnd, hypothesengenerierend - stark Subjektbezogen - Induktives Vorgehen - eher kleinere Stichproben bis hin zu Einzelfalluntersuchungen.

Tabelle 1: Gegenüberstellung quantitativer und qualitativer Forschung

2.1.3. Vor- und Nachteile

Wie anhand der im vorherigen Kapitel beschriebenen Unterschiede zwischen den Forschungsansätzen bereits zu erahnen ist, zeichnen sich beide Ansätze durch eine Vielzahl an spezifischen Vor- und Nachteilen aus, welche in diesem Abschnitt basierend auf den Informationen des vorherigen Kapitels zusammengefasst werden sollen.

2.1.3.1. Vorteile der quantitativen Methoden

Quantitative Methoden liefern exakte Ergebnisse in Form von statistisch auswertbaren Zahlen, welche somit zu einem hohen Grad von Objektivität führen und eine Vergleichbarkeit der Ergebnisse ermöglichen.

Durch den hohen Grad der Standardisierung bei den quantitativen Methoden wird es möglich, mit im Vergleich zu den qualitativen Methoden geringem Aufwand und geringen Kosten, eine größere Stichprobe zu untersuchen und somit für die Grundgesamtheit repräsentative Forschungsergebnisse zu erreichen.

Ein weiterer Vorteil sind die seit einigen Jahrzehnten anerkannten, auf Seite 5 beschriebenen, Gütekriterien der quantitativen Forschung: Objektivität, Reliabilität und Validität, welche den Grad der Wissenschaftlichkeit überprüfbar machen sollen.

2.1.3.2. Nachteile und Kritik der quantitativen Methoden

Aufgrund des hohen Grades der Standardisierung in der Anwendung quantitativer Methoden, wird Flexibilität innerhalb der Erhebungen quasi ausgeschlossen. Da die Fragen an die zu befragenden Personen schon vorher feststehen, ist kein individuelles situatives Eingehen mehr auf die zu Befragenden möglich. Aufgrund dessen können allein mit quantitativen Vorgehensweisen keine Ursachen von Befunden oder mögliche Verbesserungsvorschläge erhoben werden. Die Eigenschaft, komplexe Sachverhalte zu komprimieren und durch Datenreduktion Informationen zu gewinnen, kann also gleichzeitig als gewisser Nachteil zu werten sein, da mögliche Zusatzinformationen durch das vorher standardisierte Raster fallen und somit verloren gehen. (vgl. S. 4)

Die Kritiker der quantitativen Forschung werfen ihr vor, sie wäre zu weit von der Praxis entfernt und damit abstrakt und undurchschaubar. Außerdem fehle es ihr an Handlungsbezug, sie würde das Zweck-Mittel-Denken präfrieren und somit das Forschungssubjekt mehr und mehr aus den Augen verlieren. Zudem wären die Messmodelle unangemessen und es wäre keine Einzelfallforschung möglich. (vgl. Wolf / Priebe 2001: 49)

2.1.3.3. Vorteile der qualitativen Methoden

Die qualitativen Methoden setzen auf Offenheit, Flexibilität und Subjektivität, somit passen sie sich an die zu Befragenden an und ermöglichen es so, neue, bisher noch unbekannte Sachverhalte zu erfassen und aufzudecken.
Das qualitative Material, so Bortz und Döring, erscheint daher reichhaltiger zu sein, da es mehr Details enthält als das quantitative. (vgl. Bortz / Döring 2006: 279)
Außerdem ermöglicht es die persönliche Interaktion zwischen Forschendem und zu Befragendem, im Gespräch Unklarheiten zu beseitigen und erhobene Informationen zu hinterfragen.

2.1.3.4. Nachteile und Kritik der qualitativen Methoden

Aufgrund der nicht standardisierten Erhebung und der daraus folgenden Fülle an möglichen Informationen, ist die Auswertung von qualitativ erhobenen Daten im Vergleich zu quantitativ erhobenen Daten aufwändiger. Da die qualitativen Methoden großen Wert auf die persönliche Interaktion mit den zu Befragenden legen, ist diese Art der Erhebung meist sehr zeit- und kostenaufwändig und wird daher eher bei kleineren Stichproben angewandt. Ein weiterer, nicht zu unterschätzender Nachteil ist, dass die Qualität der erhobenen Daten schwanken kann und stark von den fachlichen Qualifikationen des Fragenstellers / Interviewers oder Beobachters abhängig ist. (vgl. Röbken / Wetzel 2016: 15)
Kritiker des qualitativen Ansatzes werfen der qualitativen Forschung u.a. vor, sie sei nicht objektiv genug, ihre Ergebnisse wären kaum zu kontrollieren und nicht repräsentativ. Außerdem sei die qualitative Forschung theorielos und viel zu aufwändig. (vgl. Wolf / Priebe 2001: 54) Sie würde „den Praktiker überfordern und dessen erwünschte Gleichberechtigung doch nicht erreichen" (Saldern 1992: 378)

Zur Veranschaulichung und Gegenüberstellung der genannten Vor- und Nachteile der jeweiligen Methoden, soll folgende Tabelle 2 „Gegenüberstellung der Vor- und Nachteile qualitativer und quantitativer Methoden"`dienen. (Röbken / Wetzel 2016: 15)

	Quantitative Methoden	Qualitative Methoden
Vorteile	- statistische Zusammenhänge können ermittelt werden - Ergebnisse sind quantifizierbar - repräsentative Ergebnisse sowie hohe externe Validität durch große Stichproben - geringerer Zeit- und Arbeitsaufwand - weniger kostenintensiv - Ergebnisse besser vergleichbar - größere Objektivität	- flexibel anwendbar - offenes Vorgehen ermöglicht das Erschließen bisher unbekannter Sachverhalte - persönliche Interaktion erlaubt es, Hintergründe zu erfahren und Unklarheiten auszuräumen - offene Befragungen ermöglichen tieferen Informationsgehalt
Nachteile	- standardisierte Untersuchungs-situation schränkt Flexibilität ein - Ursachen für einen Befund oder eine Einstellung bleiben unbekannt - keine Verbesserungsvorschläge	- höhere Kosten - größerer Zeitaufwand - relativ hohe Anforderungen an Qualifikation des Interviewers / Beobachters - verhältnismäßig aufwändige Auswertung

Tabelle 2: Gegenüberstellung der Vor- und Nachteile qualitativer und quantitativer Methoden

2.2. Anwendungsgebiete und gängige Erhebungsmethoden

Ob in einer Untersuchung bevorzugt qualitativ oder quantitativ vorgegangen werden sollte, steht nach Gahleitner und Schmitt in direktem Zusammenhang mit der zu bearbeitenden Forschungsfrage. Sie schreiben dazu „Je, nachdem welche Breite eine Forschungsfrage hat oder welche Erkenntnisse es zum gewählten Thema schon gibt, kann man sie als theorie- bzw. hypothesengenerierend (qualitativ) oder theorie- bzw. hypothesenprüfend (quantitativ) formulieren“ (Gahleitner / Schmitt 2014: 24)

2.2.1. Anwendungsgebiete der quantitativen Vorgehensweise

Die quantitative Vorgehensweise, so Hussy et al., eignet sich besonders bei Untersuchungen größerer Stichproben zur Quantifizierung und Messung von Sachverhalten, sowie zur Überprüfung von Hypothesen oder statistischen Zusammenhängen.

So sollte sich die Forschungsfrage bei einer quantitativen Verfahrensweise auf Zusammenhänge von möglichst konkreten Variablen beziehen und am Schluss das Ziel haben, annähernd allgemeingültige Aussagen zu treffen. (vgl. Hussy / Schreier / Echterhoff 2013: 9)
Außerdem sind quantitative Verfahren nach Brosius und Koschel generell geeignet, wenn ein bestimmter Bereich bereits gut erforscht ist, denn durch quantitative Verfahren kann bereits vorhandenes Wissen statistisch abgesichert werden und dem allgemeinen Wissen hinzugefügt werden. (vgl. Brosius / Koschel 2001: 17)
Eine mögliche Fragestellung für eine quantitative Erhebung könnte so z.B. wie folgt lauten: „Gibt es einen Zusammenhang zwischen der Mitarbeiterzufriedenheit in einem Unternehmen und dem ausgezahlten Gehalt?“
Hat die formulierte Forschungsfrage also das Ziel, Zusammenhänge von Variablen in einem ansonsten schon gut erforschten Bereich zu erklären und auf allgemeingültige Aussagen zu kommen, sollte möglichst auf quantitative Methoden zurückgegriffen werden.

2.2.2. Typische quantitative Erhebungsmethoden

Aufgrund des zentralen Stellenwertes des „Messens“ werden die Erhebungsmethoden in der quantitativen Forschung vornehmlich auch Messinstrumente genannt. Die typischsten quantitativen Messinstrumente sind nach Wolf und Priebe

- die strukturierte und standardisierte Befragung (meist in Form eines schriftlichen Fragebogens)
- die nicht-teilnehmende, strukturierte Beobachtung
- sowie die quantitative Inhaltsanalyse (vgl. Wolf / Priebe 2001: 47)

2.2.3. Anwendungsgebiete der qualitativen Vorgehensweise

Gibt es hingegen erst wenig gesichertes Wissen über das zu erforschende Thema, ist nach Brosius und Koschel aufgrund der Fähigkeit zur Exploration der qualitative Ansatz gut geeignet, denn durch ihn könnten detaillierte Erkenntnisse hinsichtlich des Forschungsgebietes gewonnen werden, welches mit quantitativen Methoden nicht möglich wäre. (vgl. Brosius / Koschel 2001: 18)

Besonders effizient können qualitative Verfahrensweisen laut Treumann außerdem sein, wenn es darum gehen soll, soziale Prozesse innerhalb ihrer natürlichen Umgebung zu untersuchen oder subjektive Empfindungen oder Gedanken zu erheben. (vgl. Treumann 1986: 199)

Qualitative Verfahren, so Hussy et al., sind weniger zum Testen von Hypothesen geeignet, vielmehr sollten sie dazu eingesetzt werden, um neue Themengebiete zu erschließen und neue Forschungsfragen zu generieren. (vgl. Hussy / Schreier / Echterhoff 2013: 10)

2.2.4. Typische qualitative Erhebungsmethoden

Die qualitativen Erhebungsmethoden, welche sich zumeist dadurch auszeichnen, dass sie oft in kleineren Stichproben bis hin zur Einzelfalluntersuchung angewandt werden, so Wolf und Priebe, verfügen über ein breites Spektrum an möglichen Erhebungsmethoden. Die beliebtesten sind demnach folgende:

- die unstrukturierte Befragung (z.B. das narrative Interview)
- die teilnehmende Beobachtung
- die qualitative Inhaltsanalyse
- die biographische Methode
- die Methode des lauten Denkens (vgl. Wolf / Priebe 2001: 52)

Da es den Rahmen dieser Arbeit übersteigen würde, auf alle genannten qualitativen und quantitativen Erhebungsmethoden gesondert einzugehen, wird im nachfolgenden Kapitel 3 exemplarisch auf die qualitative und quantitative Befragung und deren Unterschiede eingegangen.

Welcher der beiden Forschungsansätze gewählt wird, sollte sich letztendlich aus dem Forschungsgegenstand und dem analytischen Interesse des Forschers ergeben. Sehr genau beachtet werden sollte laut Hussy et al., in welcher Weise die verwendeten Verfahren das Ergebnis bedingen, denn wissenschaftliche Erkenntnis sei letztendlich auch nur ein Produkt der ausgewählten Forschungsmethoden. Hussy et al. empfehlen daher, möglichst beide Ansätze zu kombinieren (vgl. Hussy / Schreier / Echterhoff 2013: 10)

Aufgrund der engen Themensetzung dieser Arbeit und des angestrebten geringen Umfangs soll an dieser Stelle allerdings auf eine nähere Erklärung der Kombination beider Verfahren verzichtet werden.

3. Unterschiede der quantitativen und qualitativen Befragung

Um die bereits in den vorhergehenden Kapiteln behandelten theoretischen Unterschiede zwischen den beiden Forschungsansätzen anschaulicher zu machen, soll anhand des Beispiels der Befragung gezeigt werden, inwiefern sich die Anwendung der Befragung als Erhebungsmethode im qualitativen und quantitativen Ansatz unterscheidet. Die Methode der Befragung wurde dabei gezielt gewählt, weil sie nach Bortz und Döring die am häufigsten verwendete Datenerhebungsmethode innerhalb der Sozialwissenschaften ist und innerhalb dieser schätzungsweise 90% aller Daten durch diese Methode gewonnen werden. (vgl. Bortz / Döring 2006: 236)

3.1. Quantitative Befragung

Quantitative Befragungen können sowohl schriftlich in Form von Fragebögen, als auch mündlich in Form von persönlichen Interviews durchgeführt werden. (vgl. Bortz / Döring 2006: 236).

Von einer schriftlichen Befragung kann man nach Bortz und Döring sprechen, wenn die Untersuchungsteilnehmer schriftlich vorgelegte Fragen, meist in Form eines Fragebogens, schriftlich und selbstständig beantworten. Ein entscheidender Nachteil der schriftlichen Befragung ist nach Meinung der beiden Wissenschaftler die unkontrollierte Erhebungssituation. Diesen könnte man allerdings ausräumen, indem man möglichst mehrere Untersuchungsteilnehmer in Gruppen gleichzeitig unter standardisierten Bedingungen befragt z.B. innerhalb einer Schulklasse oder eines Altenheimes. (vgl. Bortz / Döring 2006: 252)

Um eine Vergleichbarkeit der Daten und Ergebnisse zu gewährleisten und somit auch den Güteprinzipien quantitativer Forschung gerecht zu werden, muss das quantitative Verfahren standardisiert sein.

Das Verhalten des Interviewers, die Reihenfolge und Formulierung der Fragen sowie die Antwortmöglichkeiten müssen vor der Befragung genau festgelegt werden und dürfen während der Befragung nicht mehr angepasst oder verändert werden, dies hat neben der Vergleichbarkeit außerdem eine einfachere Durchführung, eine hohe Zuverlässigkeit der Messungen sowie eine Reduktion von Fehlern zur Folge.
Zudem lassen sich quantitativ erhobene Befragungen schneller auswerten und sind preiswerter als qualitative, weshalb hierdurch in kurzer Zeit viele Daten erhoben und ausgewertet werden können. (vgl. Wolf 2008: 34)
Die Antwortmöglichkeiten der befragten Teilnehmer werden allerdings nicht zuletzt aufgrund der für quantitativen Befragungen typischen geschlossenen Fragestellungen stark eingegrenzt mit der Folge, dass weniger in die Tiefe gegangen werden kann, und kein Hinterfragen bzw. Nachfragen mehr möglich ist. (vgl. Bortz / Döring 2006: 252ff.)
Lamnek umschreibt dies auch mit der Asymmetrie in der quantitativen Forschung. Demnach werde in der standardisierten Befragung die Kommunikationssituation zwischen Befragendem und Befragtem dadurch verschärft, „dass geradezu gleichgültig, welche Antwort der Befragte gegeben hat, der Interviewer mit der nächsten Frage des Fragebogens fortfährt“. (Lamnek 2010: 306) Hierdurch soll vor allem Objektivität erreicht werden und einer möglichen Beeinflussung durch den Befragenden entgegengewirkt werden. (vgl. Lamnek 2010: 306)

3.2. Qualitative Befragung

Bei der qualitativen Befragung dagegen liegt die Besonderheit vor allem darin, dass der Gesprächsverlauf weniger vom Befragenden abhängt und dafür stärker vom Befragten gestaltet und gesteuert wird. Im Gegensatz zur quantitativen Befragung geht der Befragende bei einer qualitativen Befragung in Form eines Interviews auf das Gesagte des Teilnehmers ein, beantwortet Fragen und entwickelt aus dem Gespräch heraus, ähnlich wie in einem Alltagsgespräch, weitere Fragen.

Während bei einer standardisierten quantitativen Befragung die Person des Interviewers ganz zurücktritt ist der Interviewer nach Bortz und Döring in einer qualitativen Erhebung selbst ein Erhebungsinstrument, da auch er angehalten ist, seine eigenen Gefühle, Reaktionen und Gedanken genau zu dokumentieren und diese gegebenenfalls in der Analyse zu berücksichtigen. (vgl. Lamnek 2010: 306; vgl. Bortz / Döring 2006: 308ff.)
Da der Fokus bei qualitativen Befragungen mehr auf der subjektiven Sichtweise des Befragungsteilnehmers ausgerichtet ist, wird die qualitative Befragung bevorzugt im persönlichen Rahmen eines qualitativen Interviews angewandt, kann aber auch Teil von schriftlichen Befragungen sein, z.B. bei einer teilstandardisierten schriftlichen Befragung oder einer offenen schriftlichen Befragung, bei der neben geschlossen Fragen auch oder ausschließlich offene Fragen gestellt werden. (vgl. Bortz / Döring 2006: 308)
Da Teilnehmer von qualitativen Befragungen nach Bortz und Döring eher zu mündlichen Äußerungen gewillt sind und weniger dazu bereit sind, schriftliche Ausarbeitungen anzufertigen, werden offene und teilstandardisierte Befragungen nur selten schriftlich durchgeführt.
Neben vielen weiteren Varianten qualitativer Befragungen ist besonders das narrative Interview sehr beliebt. Im narrativen Interview sollen durch Erzählanregungen des Interviewers möglichst subjektive und erfahrungsnahe Aussagen über die Lebensgeschichte der Teilnehmer gewonnen werden. Hierbei wird das Interview in fünf Phasen geteilt. Nach der Aufklärung über das Interview, der sogenannten Erklärungsphase, folgt die Einleitungsphase, in welcher eine möglichst offene und zum erzählen animierende Einleitungsfrage gestellt werden soll. Anschließend folgt die Erzählphase, in welcher der Erzählende möglichst nicht unterbrochen werden sollte und der Interviewer lediglich nonverbale Signale des Interesses und Verständnisses senden sollte. Im Anschluss an die Erzählung folgt die Nachfragephase, in welcher Widersprüchlichkeiten oder offen gebliebene Hintergründe durch direktes Nachfragen geklärt werden sollen. Zum Ende des narrativen Interviews soll gemeinsam mit dem Teilnehmer in der Bilanzierungsphase eine Art Bilanz der Geschichte erörtert werden, wobei diesmal direkte Fragen zur Motivation und Intention gestellt werden sollen. (vgl. Lamnek 2010: 327ff.)

Zusammenfassend soll mit nachfolgender Tabelle 3 „Merkmale quantitativer und qualitativer Befragung“ noch einmal ein kleiner Überblick über die grundlegenden Unterschiede zwischen der quantitativen und der qualitativen Befragung dargestellt werden. Die jeweiligen Vor- und Nachteile der beiden Methoden wurden bereits in Kapitel 2.1.3. zusammengefasst.

Quantitative Befragung	**Qualitative Befragung**
- standardisiert - bevorzugt schriftlich - geschlossen - Antworten stammen aus dem Wortschatz des Befragenden - Befragender geht nicht auf den Befragten ein	- non- oder teilstandardisiert - bevorzugt mündlich - offene (frei formulierte) Antworten - Antworten aus dem Wortschatz der befragten Person - es kann individuell auf die befragte Person eingegangen werden - Eindrücke des Interviewers fließen in die Ergebnisse der Befragung ein

Tabelle 3: Merkmale quantitativer und qualitativer Befragung

4. Fazit

Zusammenfassend lässt sich feststellen, dass sowohl quantitative als auch qualitative Forschung je nach Fragestellung und Forschungsgegenstand ihre Berechtigung haben und neben ihren jeweiligen individuellen Stärken und Schwächen durchaus fähig sein könnten, sich gegenseitig gewinnbringend zu ergänzen. Während die quantitative Vorgehensweise in ihrer strukturierten und standardisierten Art sehr nützlich ist, wenn es z.B. darum gehen soll, in bereits erforschten Themengebieten Hypothesen zu prüfen und anhand großer Stichproben repräsentative und vergleichbare Daten zu erheben, hat sie doch den entscheidenden Nachteil, dass sie kein individuelles Eingehen auf die Befragten ermöglicht, wodurch Informationen verloren gehen und so bereits von vornherein die möglichen Ergebnisse der Forschung stark eingegrenzt werden.

Die qualitative Forschung dagegen setzt vor allem auf ein offenes, flexibles und subjektbezogenes Vorgehen und ist dadurch weniger fähig, allgemeingültige repräsentative Forschungsergebnisse zu erzielen oder allgemeingültige Hypothesen zu überprüfen.

Dem steht der große Vorteil gegenüber, dass es wegen des sehr offenen Vorgehens möglich ist, neue Erkenntnisse in einem Forschungsgebiet zu gewinnen, und somit neue Theorien und Hypothesen zu generieren, welche anschließend durch die quantitative Vorgehensweise überprüft werden könnten.

Nach Lamnek ist in vielen sozialwissenschaftlichen Fragestellungen mittlerweile das Zusammenspiel von sowohl qualitativen als auch quantitativen Methoden unerlässlich geworden.

Die Zusammenführung beider Methoden innerhalb eines Forschungsprojektes hat daher in den letzten Jahrzehnten immer mehr an Relevanz gewonnen und wäre daher auch ein interessantes Thema zur möglichen Weiterführung dieser Arbeit (vgl. Lamnek 2010: 245.)

Abschließend lässt sich sagen, dass innerhalb dieser Arbeit die typischen Merkmale und Unterschiede der quantitativen und qualitativen Forschungsansätze, sowie die dazugehörigen Methoden und deren Vor- und Nachteile erklärt und miteinander verglichen worden sind. Aufgrund der inhaltlichen Breite und Vielfalt der gewählten Themensetzung dieser Arbeit muss darauf hingewiesen werden, dass innerhalb dieser Arbeit nur ein sehr kleiner Ausschnitt des Themas behandelt werden konnte und sich dieser keinesfalls auf inhaltliche Vollständigkeit berufen kann, sondern vielmehr als erster Einstieg in das Thema angesehen werden sollte.

5. Literaturverzeichnis

Bortz, Jürgen; Döring, Nicola (2006): Forschungsmethoden und Evaluation. Für Human- und Sozialwissenschaftler. 4. Auflage. Heidelberg: Springer Medizin Verlag

Gahleitner, Silke B.; Schmitt, Rudolf; Gerlich, Katharina (Hrsg.) (2014): Qualitative und quantitative Forschungsmethoden für EinsteigerInnen aus den Arbeitsfeldern Beratung, Psychotherapie und Supervision. Coburg: ZKS-Verlag

Häder, Michael (2010): Empirische Sozialforschung. Eine Einführung. 2. Auflage. Wiesbaden: VS Verlag für Sozialwissenschaften

Hussy, Walter; Schreier, Margit; Echterhoff, Gerald (2013): Forschungsmethoden in Psychologie und Sozialwissenschaften für Bachelor. 2. Auflage. Heidelberg: Springer-Verlag

Lamnek, Siegfried (2010): Qualitative Sozialforschung. 5. Auflage. Weinheim: Beltz-Verlag

Raithel, Jürgen (2008): Quantitative Forschung. Ein Praxiskurs. 2. Auflage. Wiesbaden: VS Verlag für Sozialwissenschaften

Röbken, Heinke; Wetzel, Kathrin (2016): Qualitative und quantitative Forschungsmethoden. 2. Auflage. Oldenburg: Carl von Ossietzky Universität Oldenburg – Center für lebenslangens Lernen C3L

Saldern, Matthias von (1992): Qualitative Forschung – quantitative Forschung: Nekrolog auf einen Gegensatz. Erschienen in: Empirische Pädagogik, 6, 377-399

Schirmer, Dominique (2009): Empirische Methoden der Sozialforschung. Paderborn: Wilhelm Fink gmbH

Treumann, Klaus P. (1986): Zum Verhältnis qualitativer und quantitativer Forschung. Mit einem methodischen Ausblick auf neue Jugendstudien. In W. Heitmeyer (Hrsg.), Interdisziplinäre Jugendforschung. Fragestellungen, Problemlagen, Neuorientierungen (S. 193-214). Weinheim: Juventa.

Wolf, Bernhard; Priebe, Michael (2001): Wissenschaftstheoretische Richtungen. 2. Auflage. Landau: Verlag Empirische Pädagogik

Wolf, Sabrina (2008): Der Methodenstreit quantitativer und qualitativer Sozialforschung. Unter besonderer Berücksichtigung der grundlegenden Unterschiede beider Forschungstraditionen. Augsburg: Bachelorarbeit ohne Verlag

Milton Keynes UK
Ingram Content Group UK Ltd.
UKHW011114280823
427620UK00004B/363